런런 옥스퍼드 수학

3권

수와 그래프

KB130565

안녕!
나는 풀이고,
이 친구는 파이야.

차 례

2씩 뛰어서 세기	2
2씩 거꾸로 뛰어서 세기	3
3씩 뛰어서 세기	4
3씩 거꾸로 뛰어서 세기	5
5씩 뛰어서 세기	6
5씩 거꾸로 뛰어서 세기	7
10씩 뛰어서 세기	8
10씩 거꾸로 뛰어서 세기	9
10개씩 묶음과 낱개	10
수 표현하기	12
자릿값 알기	14
수의 크기 비교	16
어림하기	18
수의 순서대로 배열하기	19
수 읽고 쓰기	20
덧셈과 뺄셈 하기	21
그림그래프로 나타내기	22
표로 나타내기	24
막대그래프로 나타내기	26
그림그래프 이해하기	28
표 이해하기	30
나의 실력 점검표	32
정답	33

 동그라미 하기

 색칠하기

 수 세기

 그리기

 스티커 붙이기

 선 잇기

 놀이하기

 쓰기

2씩 뛰어서 세기

 0부터 2씩 뛰어서 세어 보세요.

 뛰어서 센 칸을 색칠한 다음 규칙을 말해 보세요.

2씩 앞으로 뛰어서 세려면 오른쪽으로 2칸씩 점프해!

0	I	2	3	4	5	6	7	8	9
10	11	12	13	14	15	16	17	18	19
20	21	22	23	24	25	26	27	28	29
30	31	32	33	34	35	36	37	38	39
40	41	42	43	44	45	46	47	48	49
50	51	52	53	54	55	56	57	58	59
60	61	62	63	64	65	66	67	68	69
70	71	72	73	74	75	76	77	78	79
80	81	82	83	84	85	86	87	88	89
90	91	92	93	94	95	96	97	98	99

 ☐ 안에 알맞은 수를 쓰세요.

| 0 | 2 | 4 | 6 | ☐ | 10 | ☐ | ☐ |

20 22 24 26 28 30 ☐

46 ☐ 42 ☐ 38 ☐ 34

☐ 50 ☐ 54 ☐ 58 60

2씩 거꾸로 뛰어서 세기

 빈 곳에 알맞은 수 스티커를 붙이세요.

2쪽의 수 배열표를 이용해 봐. 2씩 거꾸로 뛰어서 세려면 왼쪽으로 2칸씩 점프해!

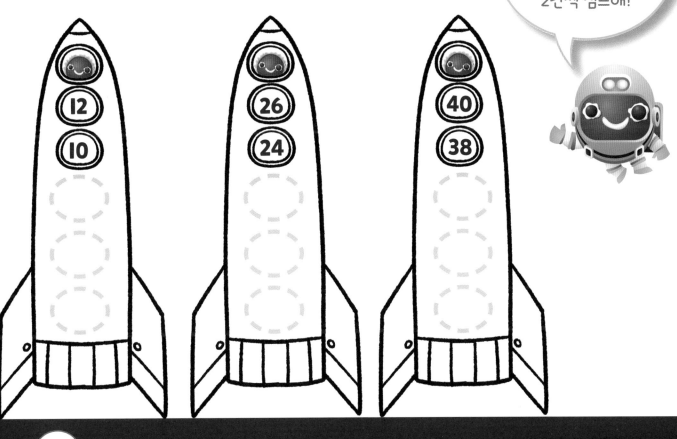

12
10

26
24

40
38

✎ ▢ 안에 알맞은 수를 쓰세요.

56 54 52 50 48 ▢ 44 ▢ 40

칭찬 스티커를 붙이세요.

 2씩 뛰어서 세기 놀이

계단을 2칸씩 오르면서 걸음을 세어 보세요. 계단 맨 아래에서 '0'이라고 말한 다음, 첫째 계단을 지나 둘째 계단에 올라가서 '2'라고 말해요. 다음 계단을 지나 그다음 계단에 올라가서 '4'라고 말하세요. 계단이 끝날 때까지 반복하세요. 계단을 내려갈 때는 마지막 끝난 수부터 2씩 거꾸로 뛰어서 세어 보세요.

문제를 다 푼 다음, 32쪽으로!

3씩 뛰어서 세기

 0부터 3씩 뛰어서 세어 보세요.

 뛰어서 센 칸을
색칠한 다음 규칙을
말해 보세요.

3칸씩
점프해 봐!

0	1	2	3	4	5	6	7	8	9
10	11	12	13	14	15	16	17	18	19
20	21	22	23	24	25	26	27	28	29
30	31	32	33	34	35	36	37	38	39
40	41	42	43	44	45	46	47	48	49
50	51	52	53	54	55	56	57	58	59
60	61	62	63	64	65	66	67	68	69
70	71	72	73	74	75	76	77	78	79
80	81	82	83	84	85	86	87	88	89
90	91	92	93	94	95	96	97	98	99

  빈 곳에 알맞은 수를 쓰세요.

0   3   6   ( )   ( )   15   ( )   21

27 30 ( ) 36 ( ) 42 ( )

3씩 거꾸로 뛰어서 세기

빈 곳에 알맞은 수를 쓰세요.

빈칸에 알맞은 수 스티커를 찾아 붙이세요.

4쪽의 수 배열표를 이용해 봐. 3씩 거꾸로 뛰어서 세려면 왼쪽으로 3칸씩 점프해.

칭찬 스티커를 붙이세요.

3씩 뛰어서 세기 놀이

연필, 숟가락, 단추와 같이 주변에서 쉽게 구할 수 있는 작은 물건들을 찾아보세요. 각각의 수를 세어 3개씩 묶어 놓으세요. 그런 다음 물건의 수를 3씩 뛰어서 세어 보세요.

문제를 다 푼 다음, 32쪽으로!

5씩 뛰어서 세기

 0부터 5씩 뛰어서 세어 보세요.

 뛰어서 센 칸을 색칠한 다음 규칙을 말해 보세요.

0	1	2	3	4	5	6	7	8	9
10	11	12	13	14	15	16	17	18	19
20	21	22	23	24	25	26	27	28	29
30	31	32	33	34	35	36	37	38	39
40	41	42	43	44	45	46	47	48	49
50	51	52	53	54	55	56	57	58	59
60	61	62	63	64	65	66	67	68	69
70	71	72	73	74	75	76	77	78	79
80	81	82	83	84	85	86	87	88	89
90	91	92	93	94	95	96	97	98	99

오른쪽으로 5칸씩
점프하면서
5씩 뛰어서 세어 봐.

 빈 곳에 알맞은 수를 쓰세요.

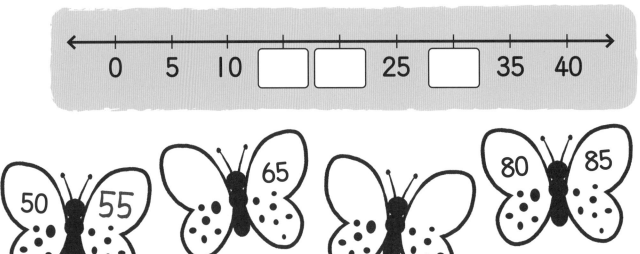

5씩 거꾸로 뛰어서 세기

빈 곳에 알맞은 수를 쓰세요.

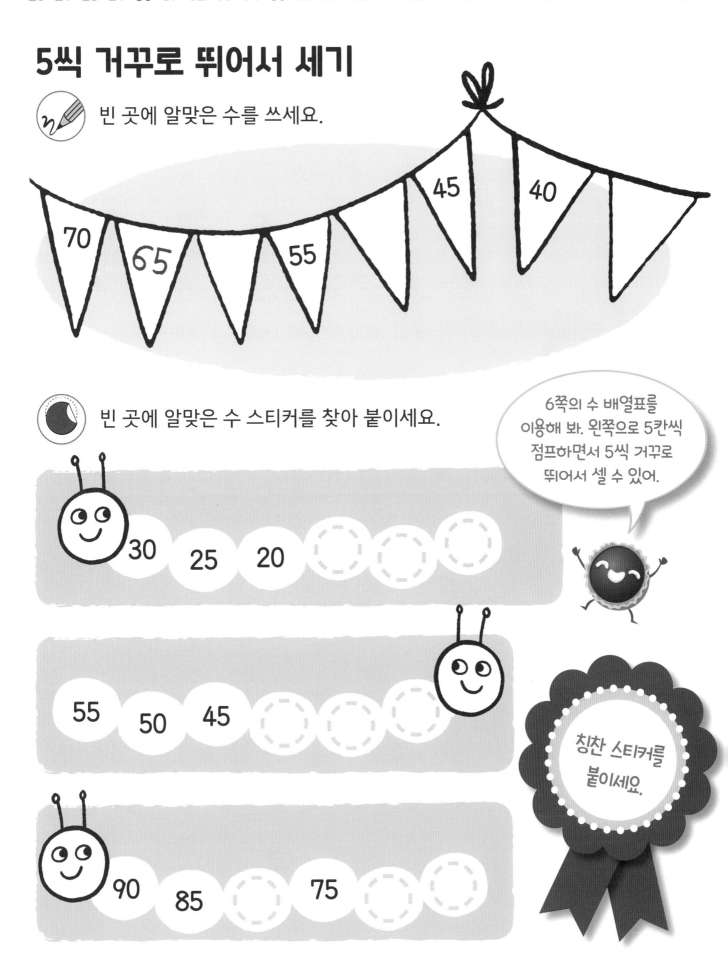

70   65   55   45   40

빈 곳에 알맞은 수 스티커를 찾아 붙이세요.

> 6쪽의 수 배열표를 이용해 봐. 왼쪽으로 5칸씩 점프하면서 5씩 거꾸로 뛰어서 셀 수 있어.

30   25   20

55   50   45

90   85   75

칭찬 스티커를 붙이세요.

문제를 다 푼 다음, 32쪽으로!

10씩 뛰어서 세기

 0부터 10씩 뛰어서 세어 보세요.

 뛰어서 센 칸을
색칠한 다음 규칙을
말해 보세요.

0	1	2	3	4	5	6	7	8	9
10	11	12	13	14	15	16	17	18	19
20	21	22	23	24	25	26	27	28	29
30	31	32	33	34	35	36	37	38	39
40	41	42	43	44	45	46	47	48	49
50	51	52	53	54	55	56	57	58	59
60	61	62	63	64	65	66	67	68	69
70	71	72	73	74	75	76	77	78	79
80	81	82	83	84	85	86	87	88	89
90	91	92	93	94	95	96	97	98	99

콩콩콩,
뛰어 봐!

 배고픈 개구리가 파리를 잡을 수 있도록 빈 곳에 알맞은 수를 쓰세요.

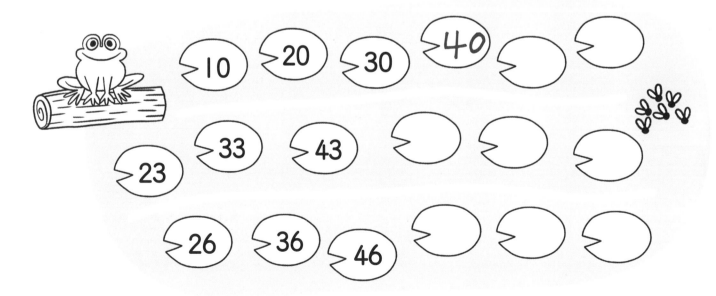

10씩 거꾸로 뛰어서 세기

 ☐ 안에 알맞은 수를 쓰세요.

8쪽의 수 배열표를 이용해 봐.
10씩 거꾸로 뛰어서 세려면
위로 1칸씩 점프해!

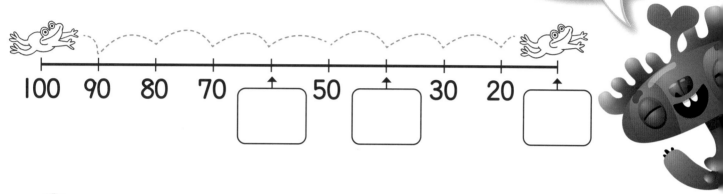

| 100 | 90 | 80 | 70 | ☐ | 50 | ☐ | 30 | 20 | ☐ |

 개구리가 물을 건널 수 있도록 빈 곳에 알맞은 수를 쓰세요.

어떤 수부터
시작해도 10씩 거꾸로
뛰어서 셀 수 있어.

67	86	91
57	76	81
47	66	71

칭찬 스티커를
붙이세요.

문제를 다 푼 다음, 32쪽으로!

10개씩 묶음과 낱개

 기차의 객실을 세어 보세요.

 ☐ 안에 알맞은 수를 쓰세요.

블록이나 구슬 또는 기차의 차량 등으로 다양하게 수를 나타낼 수 있어!

10개씩 묶음 $\boxed{4}$, 낱개 $\boxed{5}$ = $\boxed{45}$

10개씩 묶음 $\boxed{}$, 낱개 $\boxed{}$ = $\boxed{}$

10개씩 묶음 $\boxed{}$, 낱개 $\boxed{}$ = $\boxed{}$

10개씩 묶음 $\boxed{}$, 낱개 $\boxed{}$ = $\boxed{}$

수 모형의 수를 세어 ◯ 안에 쓰세요.

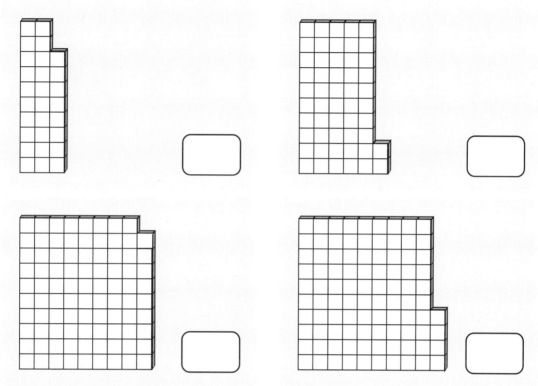

 연필의 수를 세어 ◯ 안에 쓰세요.

잘했어!

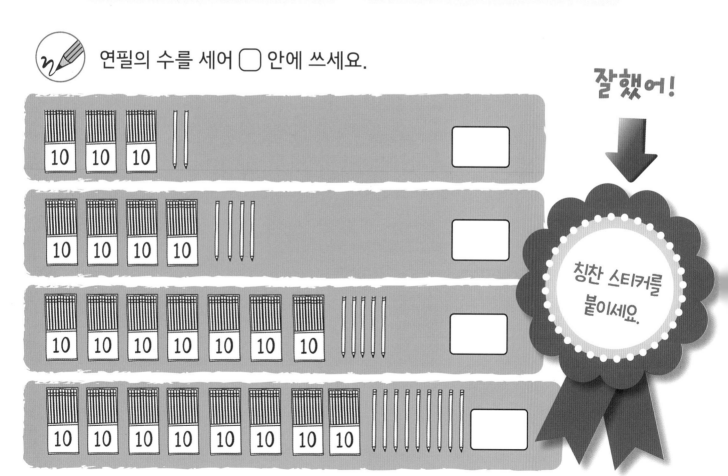

칭찬 스티커를 붙이세요.

문제를 다 푼 다음, 32쪽으로!

수 표현하기

 공에 쓰인 수만큼 오두막을 색칠하세요.

 다양한 방법으로 수를 나타낼 수 있어.

 주어진 수에 알맞은 10개씩 묶음과 낱개 스티커를 찾아 붙이세요.

23

16

38

29

☐ 안에 알맞은 수를 쓰세요.

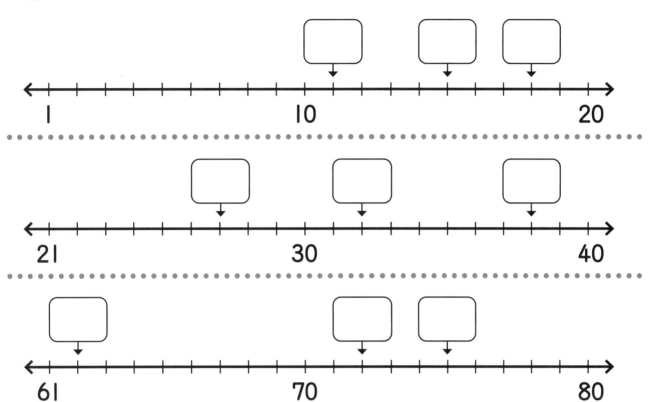

 주어진 수만큼 되도록 줄을 맞춰 동그라미를 그리세요.

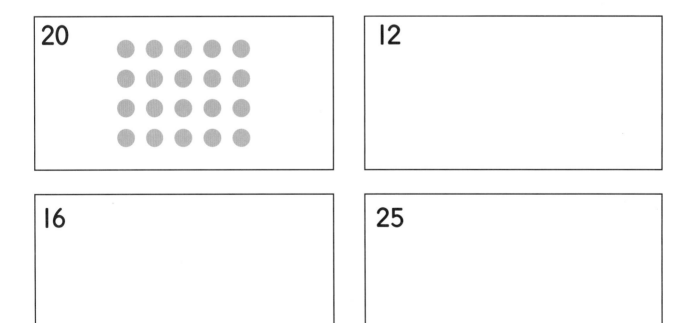

자릿값 알기

 빈칸에 알맞은 수를 쓰세요.

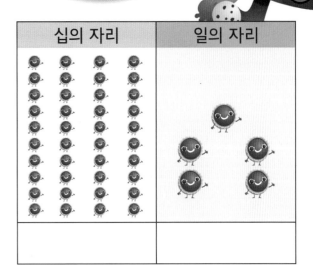
숫자의 값은 숫자가 쓰인 위치에 따라 정해져.

십의 자리	일의 자리
2	4

십의 자리	일의 자리

십의 자리	일의 자리

십의 자리	일의 자리

 블록이 몇 개인지 알맞은 수에 ◯표 하세요.

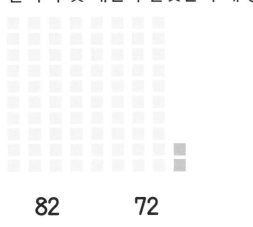

82   72   27   28

빨간색 숫자가 나타내는 값을 찾아 선으로 이으세요.

| 43 | 56 | 35 | 74 | 69 | 93 |

일의 자리 4   십의 자리 3   일의 자리 3   십의 자리 6   십의 자리 4   일의 자리 6

 빈 곳에 알맞은 수를 쓰세요.

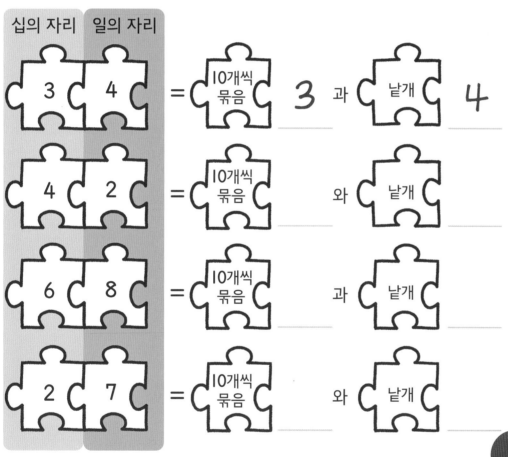

 자릿값 놀이

0~9까지의 숫자 카드를 두 묶음 만드세요. 각 묶음을 앞면이 아래로 향하도록
놓으세요. 카드 한 묶음은 십의 자리이고, 다른 한 묶음은 일의 자리예요.
각 묶음의 카드를 한 장씩 뒤집어 두 자리 수를 만들고 그 수를 읽어 보세요.

칭찬 스티커를
붙이세요.

문제를 다 푼 다음, 32쪽으로!

수의 크기 비교

 두 수의 크기를 비교하여
<, > 또는 =를 알맞게 쓰세요.

'<'는 '보다 작음'을 나타내.
예를 들면 4<6.
'>'는 '보다 큼'을 나타내.
예를 들면 9>3.

23 < 28

40 ___ 십의 자리 4와 일의 자리 0

65 ___ 56

82 ___ 십의 자리 8과 일의 자리 3

58 ___ 십의 자리 8과 일의 자리 5

47 ___ 십의 자리 4와 일의 자리 7

 두 수 중에서 더 큰 수가 쓰인 차를 색칠하세요.

위와 아래의 수 배열에서
각 수의 위치를 확인하여
크기를 비교해 봐.

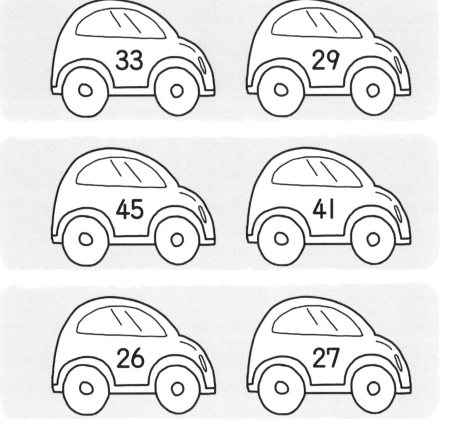

두 수 중에서 더 작은 수가 쓰인 차를 색칠하세요.

 수의 크기 비교하기 놀이

탁자 위에 블록을 올려놓은 다음 10개씩 묶어서 수를 세어 보세요.
예를 들면 10개씩 묶음이 4개이고, 낱개가 6개이면 "10개씩 묶음 4개와
낱개 6개는 46개."라고 말하세요. 블록의 수를 다르게 한 후 반복해서
놀이하세요.

두 사람이 번갈아 가면서 주사위를 두 번씩 굴려요. 첫 번째 나온 숫자는
십의 자리 수, 두 번째 나온 숫자는 일의 자리 수예요. 가장 큰 수를 만든
사람이 1점을 얻어요. 5번 반복해서 놀이하세요.

칭찬 스티커를 붙이세요.

문제를 다 푼 다음, 32쪽으로!

어림하기

 물고기의 수를 어림해 본 후, 정확히 세어 보세요.

어림한다는 것은 사물을 보고 그 수가 대략 얼마일지 짐작해 보는 거야. 실제로 하나하나 수를 세지는 않아.

어림하기 ☐

수 세기 ☐

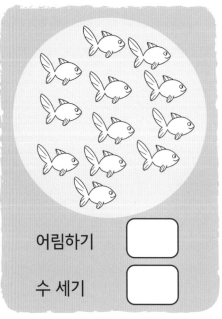

어림하기 ☐

수 세기 ☐

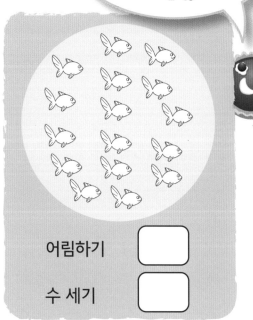

어림하기 ☐

수 세기 ☐

 ☐ 안의 별 I0개를 보고, 그림 속 별의 수를 각각 어림하여 ◯ 안에 쓰세요.

 별의 수를 정확히 세어 보고, 얼마나 가깝게 어림하였는지 말해 보세요.

 ☐

 ☐

 ☐

수의 순서대로 배열하기

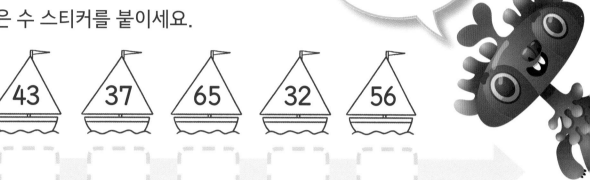

수의 순서는 자릿값의 수를 보고 정할 수 있어.

 가장 작은 수부터 순서대로 있도록 빈칸에 알맞은 수 스티커를 붙이세요.

43 37 65 32 56

 가장 큰 수부터 순서대로 있도록 빈칸에 알맞은 수 스티커를 붙이세요.

52 25 48 82 41

 두 수 사이에 들어갈 수 있는 수 중에서 세 개를 골라 순서대로 쓰세요.

11 ☐ ☐ ☐ 17

41 ☐ ☐ ☐ 48

79 ☐ ☐ ☐ 85

28 ☐ ☐ ☐ 33

58 ☐ ☐ ☐ 62

95 ☐ ☐ ☐ 100

칭찬 스티커를 붙이세요.

문제를 다 푼 다음, 32쪽으로!

수 읽고 쓰기

 수 이름에 알맞은 숫자를 찾아 선으로 이으세요.

삼십칠   78

칠십팔   64

육십사   87

칠십삼   37

사십육   46

팔십칠   73

숫자는 수를 나타내는 기호야.

 빈 곳에 알맞은 수 이름과 수를 쓰세요.

삼십삼

48

오십구

93

팔십일

27

칭찬 스티커를 붙이세요.

문제를 다 푼 다음, 32쪽으로!

덧셈과 뺄셈 하기

3+5=8이니까 30+50=80.

 한 자리 수의 덧셈과 뺄셈을 한 후, 두 자리 수의 덧셈과 뺄셈을 하세요.

$7 + 2 = \boxed{}$　　$4 + 4 = \boxed{}$　　$8 - 3 = \boxed{}$

$70 + 20 = \boxed{}$　　$40 + 40 = \boxed{}$　　$80 - 30 = \boxed{}$

 덧셈과 뺄셈을 한 후 빈칸에 알맞은 수 스티커를 붙이세요. 그리고 밑줄 위에 가장 작은 수부터 순서대로 쓰세요.

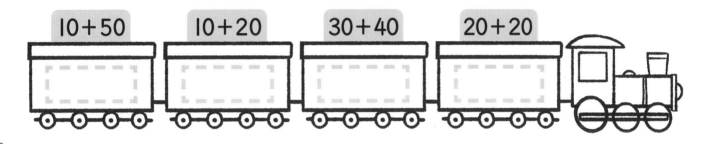

10+50　　10+20　　30+40　　20+20

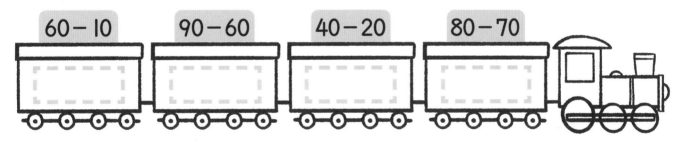

60-10　　90-60　　40-20　　80-70

 계산해 보세요.

$23 + 5 = \boxed{}$　　　　$57 + 8 = \boxed{}$

$38 + 20 = \boxed{}$　　　　$82 - 7 = \boxed{}$

$57 - 3 = \boxed{}$　　　　$95 - 70 = \boxed{}$

칭찬 스티커를 붙이세요.

문제를 다 푼 다음, 32쪽으로!

그림그래프로 나타내기

그림그래프는
그림이나 기호를 사용하여
정보를 나타내.

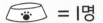 = 1명

햄스터	🐾🐾🐾🐾🐾
개	🐾🐾🐾🐾🐾🐾🐾🐾
도마뱀	🐾🐾🐾🐾🐾🐾
고양이	🐾🐾🐾🐾🐾🐾🐾🐾🐾
물고기	🐾🐾

1학년 학생들이 가장 좋아하는 반려동물에 투표한 다음,
결과를 그림그래프로 나타냈어요.

반려동물로 햄스터를 좋아하는 학생은 몇 명인가요? [5]명

반려동물로 고양이를 좋아하는 학생은 몇 명인가요? [   ]명

학생 8명이 좋아하는 반려동물은 무엇인가요? _____

학생 2명이 좋아하는 반려동물은 무엇인가요? _____

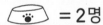 = 2명

햄스터	🐾🐾🐾🐾🐾
개	🐾🐾🐾🐾🐾🐾🐾
도마뱀	🐾🐾🐾🐾🐾🐾
고양이	🐾🐾
물고기	🐾🐾

3학년 학생들이 가장
좋아하는 반려동물에
투표했어요.
이 그림그래프에서
그릇 1개는 2명이에요.

반려동물로 개를 좋아하는 학생은 몇 명인가요? [14]명

반려동물로 고양이를 좋아하는 학생은 몇 명인가요? [   ]명

학생 4명이 좋아하는 반려동물은 무엇인가요? _____

학생 12명이 좋아하는 반려동물은 무엇인가요? _____

5학년 학생들이 가장 좋아하는 과일에 투표했어요.
투표 결과를 나타낸 표를 보고, 그림그래프를 완성하세요.

과일	학생 수(명)
사과	7
바나나	9
키위	2
오렌지	5

🍎 = 1명

과일	학생 수
사과	
바나나	
키위	
오렌지	

 2학년 학생들이 가장 좋아하는 과일에 투표했어요.
투표 결과를 나타낸 표를 보고, 그림그래프를 완성하세요.

과일	학생 수(명)
사과	20
바나나	30
키위	10
오렌지	20

🍊 = 10명

과일	학생 수
사과	
바나나	
키위	
오렌지	

 그림그래프 놀이

색깔 분류가 가능한 물건(색 구슬이나 장난감 자동차 등)을 준비하세요.
분류할 네 가지 색을 정한 후 각 색깔별로 물건 수를 세어 쓰세요.
그런 다음 조사한 결과를 보여 주는 그림그래프를 만들어 보세요.
그림그래프에 사용한 기호와 그 기호가 나타내는 수를 정하고, 그 내용을
그림그래프에 적으세요. 그림그래프를 보고 대답할 수 있는 몇 가지 질문을
만들어 보세요. 예를 들면 "어떤 색 장난감이 가장 많은가요?" 하고 말해 보세요.

칭찬 스티커를
붙이세요.

문제를 다 푼 다음, 32쪽으로!

표로 나타내기

아이스크림	팔린 아이스크림 수(卌)
바닐라아이스크림	卌 ||||
딸기아이스크림	卌 ||
초코아이스크림	卌 卌 卌 |||
녹차아이스크림	卌 卌 ||||

팔린 아이스크림의
수를 卌를 사용하여 나타냈어.
|는 1개를 의미하고,
卌는 5개를 한 묶음으로
나타낸 거야.

 아이스크림 가게 주인이 아이스크림 판매량을 표로 만들었어요.

초코아이스크림을 몇 개 팔았나요? ☐개

바닐라아이스크림을 몇 개 팔았나요? ☐개

14개가 팔린 아이스크림은 무엇인가요? _____

7개가 팔린 아이스크림은 무엇인가요? _____

 다음 날 아이스크림 가게 주인은 아이스크림 판매량을 다른 표로 만들었어요
표의 빈칸에 각 아이스크림이 판매된 수를 쓰세요.

아이스크림	팔린 아이스크림 수(卌)	팔린 아이스크림 수(개)
바닐라아이스크림	卌 卌		||
딸기아이스크림	卌 卌 卌 ||	
초코아이스크림	卌 ||||	
녹차아이스크림	卌 卌 卌 卌	

난 녹차아이스크림이
제일 좋아!

작은 동물의 수를 각각 세어 보세요.

 아래 표에 각 동물의 수를 ∭로 나타내고, 수를 쓰세요.

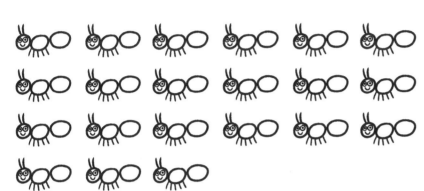

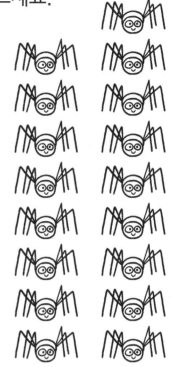

작은 동물	동물 수 (∭)	동물 수(마리)
벌		
개미		
나비		
거미		

개미는 모두 몇 마리인가요? [ ]마리

거미는 모두 몇 마리인가요? [ ]마리

수가 11마리인 동물은 무엇인가요? _____

수가 15마리인 동물은 무엇인가요? _____

잘했어!

칭찬 스티커를 붙이세요.

문제를 다 푼 다음, 32쪽으로!

막대그래프로 나타내기

자동차 전시장에서 5일 동안 매일 팔린 차의 수를 조사하여 막대그래프로 나타냈어요.

화요일에 차가 몇 대 팔렸나요? ☐ 대

금요일에 차가 몇 대 팔렸나요? ☐ 대

차가 13대 팔린 날은 무슨 요일인가요?

_____

차가 4대 팔린 날은 무슨 요일인가요?

_____

(대)

	월요일	화요일	수요일	목요일	금요일
15					
14					
13					
12					
11					
10					
9					
8					
7					
6					
5					
4					
3					
2					
1					

런던 빵집에서 매일 팔린 케이크의 수를 조사하여 막대그래프로 나타냈어요.

화요일에 케이크가 몇 개 팔렸나요? ☐ 개

목요일에 케이크가 몇 개 팔렸나요? ☐ 개

케이크가 5개 팔린 날은 무슨 요일인가요?

_____

케이크가 10개 팔린 날은 무슨 요일인가요?

_____

(개)

	월요일	화요일	수요일	목요일	금요일
15					
14					
13					
12					
11					
10					
9					
8					
7					
6					
5					
4					
3					
2					
1					

1월부터 5월까지의 날씨 중 맑은 날을 조사하여 표와 막대그래프로 나타냈어요. 빈칸을 알맞게 색칠해 막대그래프를 완성하세요.

월별 맑은 날수

월	날수(일)
1월	4
2월	6
3월	8
4월	9
5월	5

(일)

15					
14					
13					
12					
11					
10					
9					
8					
7					
6					
5					
4					
3					
2					
1					
	1월	2월	3월	4월	5월

막대그래프는 조사한 결과를 막대 모양으로 나타내.

자료 정리 놀이

조사한 자료를 활용하여 막대그래프를 만들어 보세요.
양말이나 사탕 한 봉지를 색깔별로 분류하거나, 가족과 친구들에게 가장 좋아하는 운동이나 음식이 무엇인지 물어보세요. 그런 다음 조사한 결과를 표에 기록하세요.

종이에 가로와 세로로 선을 그어 원하는 수만큼 칸을 그리세요. 가로에는 항목, 세로에는 수를 쓰세요. 조사한 항목의 수만큼 빈칸을 색칠하세요. 그래프를 완성한 후 결과를 확인하세요. 어떤 정보를 알려 주나요? 어떤 항목이 가장 많은 표를 얻었나요? 어느 항목이 가장 적은 표를 얻었나요?

칭찬 스티커를 붙이세요.

문제를 다 푼 다음, 32쪽으로!

그림그래프 이해하기

각 팀이 축구 경기에서 이긴 수를 그림그래프로 나타냈어요.
그림그래프의 기호를 잘 보고, 빈칸에 이긴 경기의 수를 쓰세요.

그림그래프의 기호 하나가 얼마를 나타내는지 확인해 봐.

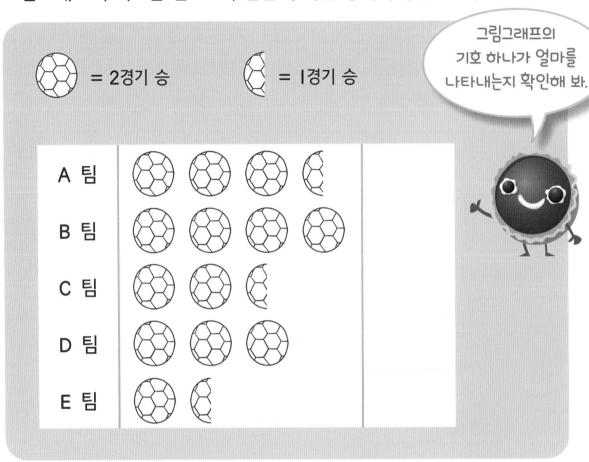

어느 팀이 가장 많이 이겼나요? _____

어느 팀이 가장 적게 이겼나요? _____

B 팀은 C 팀보다 몇 경기를 더 많이 이겼나요? [　　] 경기

E 팀은 A 팀보다 몇 경기를 더 적게 이겼나요? [　　] 경기

C 팀과 D 팀은 모두 몇 경기를 이겼나요? [　　] 경기

B 팀과 E 팀은 모두 몇 경기를 이겼나요? [　　] 경기

5팀은 모두 몇 경기를 이겼나요? [　　] 경기

각 화분에서 자란 새싹의 수만큼 막대그래프의 빈칸을 색칠하세요.

화분별 자란 새싹의 수	
화분	새싹의 수(개)
A	4
B	14
C	8
D	9
E	5

(개)

15					
14					
13					
12					
11					
10					
9					
8					
7					
6					
5					
4					
3					
2					
1					

A   B   C   D   E

질문에 답하세요.

D 화분에는 A 화분보다 새싹이 몇 개 더 많나요? ☐ 개

E 화분에는 C 화분보다 새싹이 몇 개 더 적나요? ☐ 개

5개의 화분에서 자란 새싹은 모두 몇 개인가요? ☐ 개

표 이해하기

 오후에 어떤 새들이 정원으로 날아왔는지 조사한 표예요.
빈칸에 알맞은 수를 쓰세요.

정원에 날아온 새의 수

새	새의 수(卌)					새의 수(마리)
블랙버드	卌	卌	卌	卌	卌 l	
유럽울새	卌	卌	卌	卌	ll	
푸른머리되새	卌	卌	卌	卌	卌 ll	
개똥지빠귀	卌	卌	卌	llll		
방울새	卌	卌	卌	卌	llll	

 질문에 답하세요.

어떤 새가 가장 많이 날아왔나요? _____

어떤 새가 가장 적게 날아왔나요? _____

푸른머리되새는 개똥지빠귀보다 몇 마리 더 많이 날아왔나요? ☐ 마리

유럽울새는 블랙버드보다 몇 마리 더 적게 날아왔나요? ☐ 마리

유럽울새와 블랙버드는 모두 몇 마리가 날아왔나요? ☐ 마리

개똥지빠귀와 방울새는 모두 몇 마리가 날아왔나요? ☐ 마리

동물원에 있는 동물의 수를 조사했어요.
아래 표에 각 동물의 수를 ⅲⅲ로 나타내고, 수를 쓰세요.

동물	동물 수(ⅲⅲ)	동물 수(마리)
판다		
기린		
원숭이		
미어캣		

 질문에 답하세요.

어떤 동물이 가장 많나요? _____

어떤 동물이 가장 적나요? _____

판다는 원숭이보다 몇 마리 더 많나요? ☐ 마리

미어캣은 기린보다 몇 마리 더 적나요? ☐ 마리

기린과 미어캣은 모두 몇 마리인가요? ☐ 마리

칭찬 스티커를
붙이세요.

문제를 다 푼 다음, 32쪽으로!

나의 실력 점검표

 얼굴에 색칠하세요.

쪽	나의 실력은?	스스로 점검해요!
2~3	2씩 뛰어서 세기와 거꾸로 뛰어서 세기를 할 수 있어요.	☺ ☻ ☹
4~5	3씩 뛰어서 세기와 거꾸로 뛰어서 세기를 할 수 있어요.	☺ ☻ ☹
6~7	5씩 뛰어서 세기와 거꾸로 뛰어서 세기를 할 수 있어요.	☺ ☻ ☹
8~9	10씩 뛰어서 세기와 거꾸로 뛰어서 세기를 할 수 있어요.	☺ ☻ ☹
10~11	10개씩 묶음과 낱개로 수를 나타낼 수 있어요.	☺ ☻ ☹
12~15	두 자리 수의 자리와 자릿값을 알아요. (십의 자리, 일의 자리)	☺ ☻ ☹
16~17	<, > 또는 = 기호를 사용하여 수의 크기를 비교할 수 있어요.	☺ ☻ ☹
18~19	수를 어림하여 세고, 10개까지 수의 순서대로 배열할 수 있어요.	☺ ☻ ☹
20	수를 쓰고, 읽을 수 있어요.	☺ ☻ ☹
21	자릿값과 수에 관한 사실을 이용해 덧셈과 뺄셈을 할 수 있어요.	☺ ☻ ☹
22~23	그림그래프에 대해 알고 그래프를 보고 질문에 답을 할 수 있어요.	☺ ☻ ☹
24~25	표에 대해 알고 표를 보고 질문에 답을 할 수 있어요.	☺ ☻ ☹
26~27	막대그래프에 대해 알고 막대그래프를 보고 질문에 답을 할 수 있어요.	☺ ☻ ☹
28~31	그림그래프와 표로 나타낸 자료를 보고 문제를 해결할 수 있어요.	☺ ☻ ☹

 나와 함께 한 공부 어땠어?

정답

2~3쪽

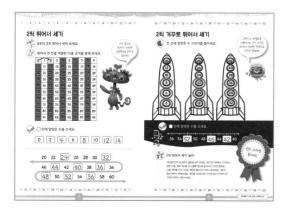

4~5쪽

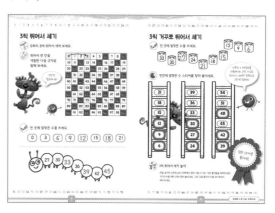

6~7쪽

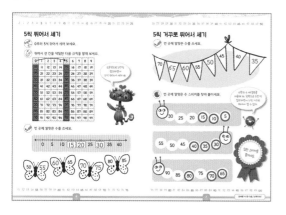

8~9쪽

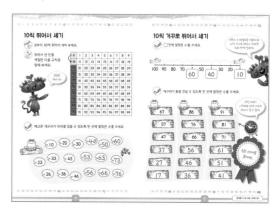

10~11쪽

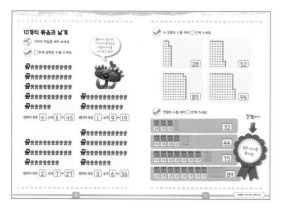

12~13쪽

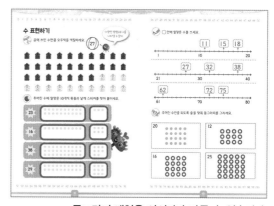

* 동그라미 배열은 아이마다 다를 수 있습니다.

14~15쪽

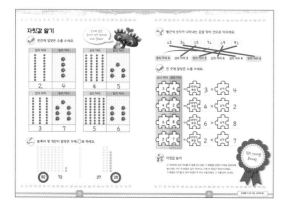

16~17쪽

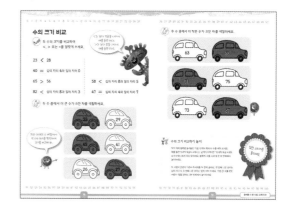

18~19쪽

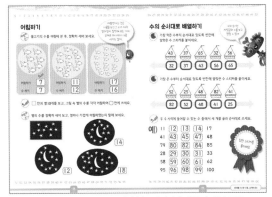

* 어림수는 아이마다 다를 수 있습니다.
* 두 수 사이에 들어갈 수가 다를 수 있습니다.

20~21쪽

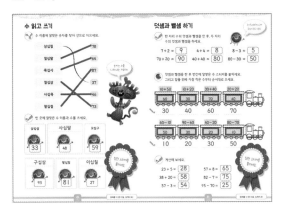

22~23쪽

24~25쪽

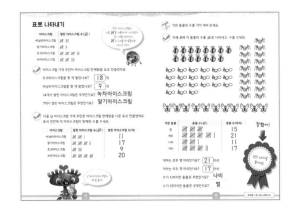

26~27쪽

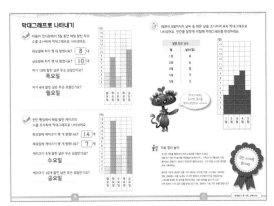

28~29쪽

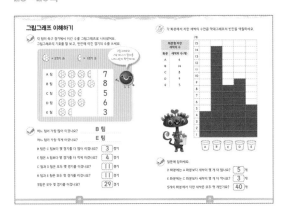

30~31쪽

정리 노트

런런 옥스퍼드 수학

3-3 수와 그래프

초판 1쇄 발행 2022년 12월 6일
글·그림 옥스퍼드 대학교 출판부 **옮김** 상상오름
발행인 이재진 **편집장** 안경숙 **편집 관리** 윤정원 **편집 및 디자인** 상상오름
마케팅 정지운, 김미정, 신희용, 박현아, 박소현 **국제업무** 장민경, 오지나 **제작** 신홍섭
펴낸곳 (주)웅진씽크빅
주소 경기도 파주시 회동길 20 (우)10881
문의 031)956-7403(편집), 02)3670-1191, 031)956-7065, 7069(마케팅)
홈페이지 www.wjjunior.co.kr **블로그** wj_junior.blog.me **페이스북** facebook.com/wjbook
트위터 @wjbooks **인스타그램** @woongjin_junior
출판신고 1980년 3월 29일 제406-2007-00046호
원제 PROGRESS WITH OXFORD: MATH
한국어판 출판권 ⓒ(주)웅진씽크빅, 2022 **제조국** 대한민국

ISBN 978-89-01-26525-4
ISBN 978-89-01-26510-0 (세트)

잘못 만들어진 책은 바꾸어 드립니다.
주의 1. 책 모서리가 날카로워 다칠 수 있으니 사람을 향해 던지거나 떨어뜨리지 마십시오.
    2. 보관 시 직사광선이나 습기 찬 곳은 피해 주십시오.